冬 蕴藏生机

温迪·普费弗 著

杰西·赖什 绘

许振宇 译

中国科学技术大学出版社

北半球到了深秋，松鼠忙着把果实藏进树洞，狐狸换上厚厚的毛衫，候鸟阵阵向南飞。

日出一天要比一天迟，日落却一天比一天早，太阳的轨迹也越来越偏南。

随着太阳向南偏移，北半球日照日益减少，天气渐渐变得寒冷。

小山雀用蓬松的羽毛来保暖，土拨鼠挖个地洞好冬眠，白尾鹿在雪地里轻轻拱，觅出最后的草叶做一餐。

冬季白天短,孩子们
裹着厚厚的棉衣,拖着长
长的身影,走在白雪皑皑
的世界里。

冬夜长漫漫，晚饭时屋外天已黑。孩子们总是问，何时能像夏天时，饭后仍在屋外玩耍。

　　北半球在12月21日前后，正午太阳高度达到一年中的最低点，就是日照时间最短的一天。其实每天都一样，24小时不多也不少，说这一天白天最短，只是因为白天的时光最少。

　　白天最短的这一天被称作"冬至日"，在一些地方，此时寒气能把鼻子刺得酸疼。

　　地球总是斜着身体围绕太阳转。北半球偏离太阳时，比起南半球吸收的光和热更少。

古时候人们不知道，地球是斜着环绕太阳转的。他们同样不明白，为何日照时间一天更比一天少。有人猜，是恶魔把太阳赶跑了。

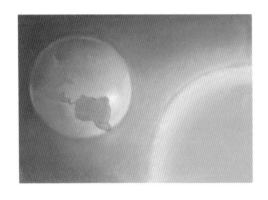

人们害怕了，担心太阳不再高高照，世界从此黑暗阴冷毫无生机。人和万物都需要温暖和煦的太阳，于是人们举行各种仪式，日夜祈求诸神把太阳请回来。

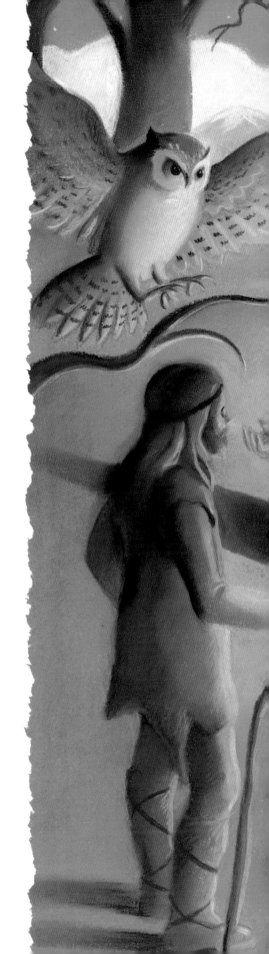

很多很多年后人们认识到，白天最短的那天过去后，白天还会慢慢再变长。再度沐浴在阳光下，心情非常欢畅。

来年又是一个丰收年。

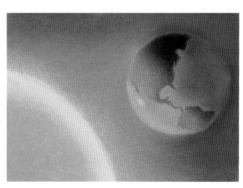

　　大约五千多年前，观测天空的人们发现，傍晚的时候，在西边的天际线上，太阳落下的位置每天都在变。落日点最南的那一天，白天就最短。

　　早期的天文学家一直想要确定这一天，好让大家都知道，每年何时起白天的时间将变长。

在落日点最南的那一天，天文学家开始实施他们的计划。他们让石匠把石头砌成框，对准落日的方向，只留下像钥匙孔或针眼那样一条狭长的缝隙让阳光穿过。因此每当落日的光线直直射过这条缝隙时，人们就知道最短的白天即将过去。

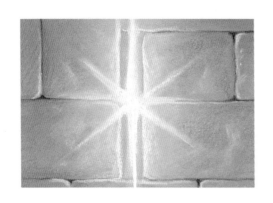

之后的六个月，白天渐渐变长。当落日到达最北点，阳光直射过另一条缝隙，人们就知道这是白天最长的一天。

　　三千年前在中国，天文学家通过测量影子长短确定白天最短的那一天。

　　正午太阳高度最低，地上的影子最长；反之，正午的太阳越高，投下的影子就越短，白天时间在变长。

两千多年前，罗马人举办节日庆典，度过白天最短的一天。他们采来常青树枝条，送给友人祝福好运。再把冬青枝叶编成环，挂在门上做装饰。冬天里，其他树叶已枯黄，常青树依然翠绿，提示人们春日已近。

抗寒耐冻的槲寄生和冬青树，象征着顽强的生命。常绿的枝叶挂在屋内，会带给全家生机和力量。

　　大约一千多年前，欧洲人也庆祝冬至日。凯尔特神话中的德鲁伊会把金苹果挂在橡树上，点亮蜡烛，缀嵌其间，象征着丰收和光明。

为庆祝白天从此逐渐变长,瑞典人欢度"迎光节",又叫"圣露西亚节"。这一天,女孩用常青枝条编成环戴在头上,点亮蜡烛插在上面,借此重燃太阳光。她们怀揣新烤的圆面包,分送给亲戚与朋友。一队队男孩沿街走,在邻居门前唱支歌,以赢得一些零花钱。

历史上差不多同时期，印加人也在白天最短的这天祭拜太阳，庆祝节日。破晓的太阳一露脸，人群立刻爆发出欢呼声。然后他们用一个光面的物体，把阳光聚集到干燥蓬松的棉花上。棉花渐渐被晒热，冒出火苗，燃烧起来。他们把这个火种护送到神庙，让它全年在祭坛上燃烧。太阳是他们膜拜的神之一，火种乃是神所赐。

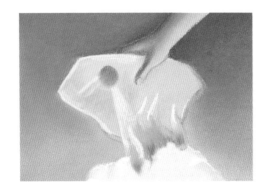

如今，每当冬天来临，人们仍会庆祝冬至。装点房屋，张灯结彩，亲友团聚，互赠礼物。再也不担心太阳一去不复返。因为现在人们明白了，当他们的半球向外偏斜时，天气就会变冷，太阳的轨迹越来越偏南，白天也越来越短。

人们庆祝白天最短的一天，是因为此后白天渐渐变长。候鸟往回飞，橡树发新芽，孩子们晚饭后又能到屋外去玩耍。

五千多年来，人们用不同的方式迎接冬至，因为它是生机勃勃的新开始。

知 识 点

地球不停地自转着,自转一周需要24小时。向着太阳的一面是白天,背对太阳的一面是黑夜。

地球在自转的同时也围绕太阳公转,公转一周需要12个月。地球公转时,地轴总是倾斜的,这就造成了太阳照射地面的角度变化,从而形成了四季更替。

七百五十多年前,"solstice"(至日)一词初次出现,意思是太阳好像停止了移动。"solstice"一词源自古罗马人的语言——拉丁语,其中 sol 意为"太阳","sistere"意为"停止"。

北半球的冬至日通常在12月21日前后,由于地球公转并不是完全的匀速运动,所以冬至日也可能在12月20日、22日或23日。

"equinox"(分日)一词由两个拉丁词语构成,"equi"意为"相等","nox"意为"夜晚"。春分和秋分两天,昼夜都等长。

冬

北半球向外斜对着太阳,太阳直射南回归线的那一天是冬至日。这一天白天最短,黑夜最长,北极点周围方圆645千米内,全天24小时都见不着太阳。

春

三个月后,南、北两个半球距离太阳远近相同,太阳直射赤道。春分那天,全球昼夜等长。

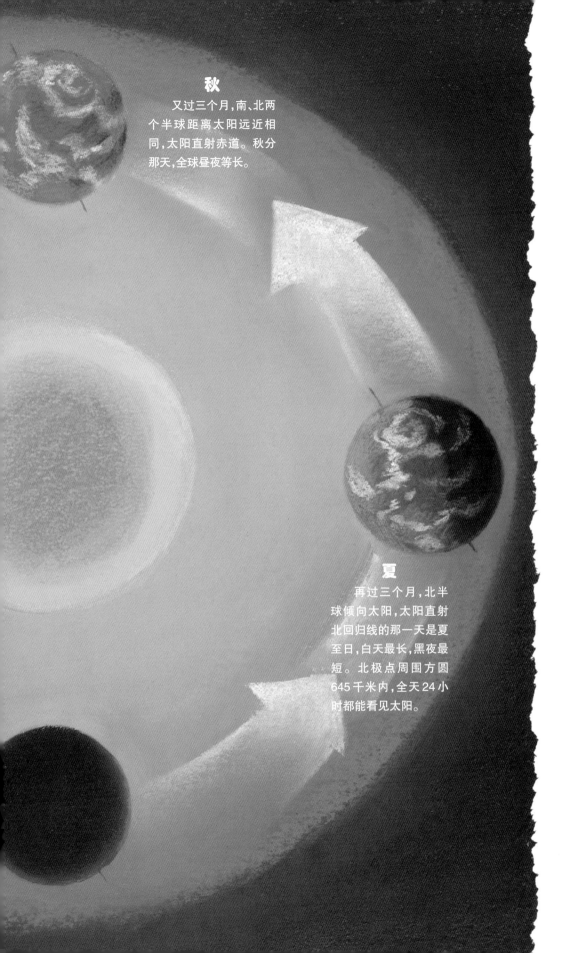

秋

又过三个月，南、北两个半球距离太阳远近相同，太阳直射赤道。秋分那天，全球昼夜等长。

夏

再过三个月，北半球倾向太阳，太阳直射北回归线的那一天是夏至日，白天最长，黑夜最短。北极点周围方圆645千米内，全天24小时都能看见太阳。

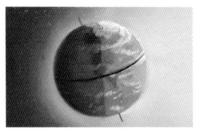

冬至

太阳高度小，偏移至最南，太阳直射在南回归线。

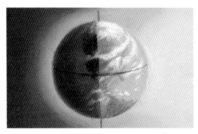

春分

夏至

太阳高度大，偏移至最北，太阳直射在北回归线。

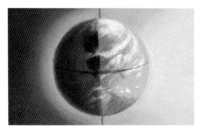

秋分

注：以上四季均以北半球为例。

绘制冬季日出/日落记录表

所需材料和工具

1. 铅笔,彩色记号笔;
2. 如下表格四份;
3. 胶带。

操作步骤

1. 分别在四张表上列出时刻;
2. 写上记录的日期;
3. 在网上搜索当天日出日落的时刻;
4. 记下日出时刻;
5. 记下日落时刻;
6. 把日出日落时刻两点间的时段涂上颜色;
7. 按顺序把四张记录表贴在一起。

坚持记录一个月,你会发现:表上的图形很有趣!

时刻

时刻							
下午 5:30							
下午 5:20							
下午 5:10							
下午 5:00							
下午 4:50							
下午 4:40							
下午 4:30							
下午 4:20							
下午 4:10							
下午 4:00							
下午 3:00							
下午 2:00							
下午 1:00							
中午 12:00							
上午 11:00							
上午 10:00							
上午 9:00							
上午 8:00							
上午 7:30							
上午 7:20							
上午 7:10							
上午 7:00							
上午 6:50							
上午 6:40							
上午 6:30							
上午 6:20							
上午 6:10							
上午 6:00							
	日期:	日期:	日期:	日期:	日期:	日期:	日期:

测量冬至日影长

所需材料和工具

1. 软尺；
2. 笔和纸。

12月21日前后（找个晴天）要做的事

1. 正午时分,站在阳光下；
2. 请朋友用软尺测量地上你影子的长度；
3. 记下地点、日期、时刻、影子的长度,以及太阳位置的高低；
4. 再测量一下其他物体影子的长度,比如一棵树、门外信筒等等；
5. 同第3步,记下数据。

分别在3月21日、6月21日、9月21日前后,重复以上第1到5步,注意影子的长短变化。

确定太阳的位置

所需材料和工具

1. 笔和纸；
2. 指南针。

12月15日至20日要做的事

1. 选定早晨一个固定的时间，例如等校车的时候；
2. 选定一个你能坐着画画的地方；
3. 摆好指南针，面朝正东坐下来；
4. 画下你眼前能看到的所有东西，如房子、树、电线杆等等，但别画上太阳；
5. 在纸的右边写上"南"字，左边写上"北"；
6. 把这张画复印7份。

此后（从12月到次年6月）每个月的21日前后要做的事

1. 在上次画画选定的时刻，带着笔、指南针和一张复印的画到你选定的地点。
2. 摆好指南针，面朝正东坐下来。
3. 画下太阳的位置（提示：12月的那一天，太阳的位置稍微偏右；3月的那一天，太阳在正前方；6月的那一天，太阳的位置稍微偏左）。
4. 在每张画上记下日期和时间。
5. 6月的画完成之后，把你的7张画从12月到6月依次排好。
6. 从你的画上能不能看出：
   a. 12月，日出的位置最靠南；
   b. 3月，日出正东；
   c. 6月，日出的位置最靠北。

展示地球的倾角如何形成四季

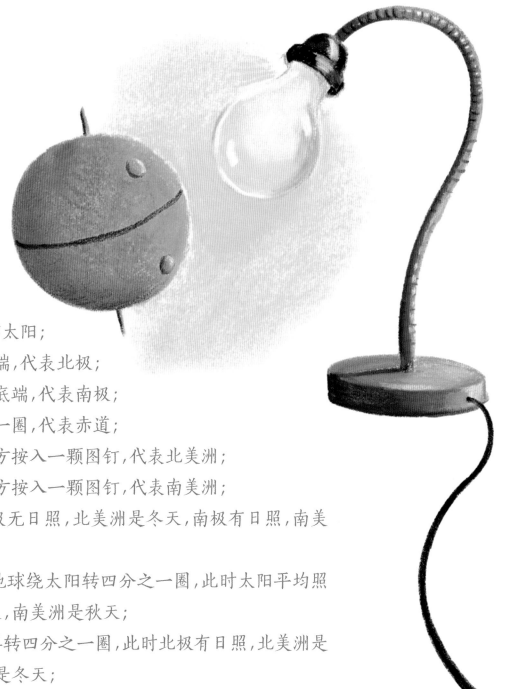

1. 一个橙子或用泥做的球;
2. 小台灯,去掉灯罩;
3. 两根牙签;
4. 一支黑色记号笔;
5. 两颗大头图钉。

操作步骤

1. 把橙子当作地球,台灯当作太阳;
2. 拿一根牙签插进橙子的顶端,代表北极;
3. 把另一根牙签插进橙子的底端,代表南极;
4. 用记号笔绕橙子中间画上一圈,代表赤道;
5. 在北极与赤道间一半的地方按入一颗图钉,代表北美洲;
6. 在南极与赤道间一半的地方按入一颗图钉,代表南美洲;
7. 将北极向外倾斜,此时北极无日照,北美洲是冬天,南极有日照,南美洲是夏天;
8. 维持地球的倾角不变,将地球绕太阳转四分之一圈,此时太阳平均照射南北两极,北美洲是春天,南美洲是秋天;
9. 维持倾角不变,再将地球再转四分之一圈,此时北极有日照,北美洲是夏天,南极无日照,南美洲是冬天;
10. 同上,再将地球转四分之一圈,此时太阳平均照射南北两极,北美洲是秋天,南美洲是春天。

开冬至派对

1. 买(或做)24个纸杯小蛋糕、一袋甜玉米粒、一袋黄色糖霜。

2. 让太阳小蛋糕发光。

   a. 把每个蛋糕抹上一层黄色糖霜。

   b. 在糖霜上再放上甜玉米粒,摆成花瓣状,代表太阳的光芒。

3. 庆祝冬至。

   a. 关上灯。

   b. 讨论一下太阳对于地球生命的重要性。

   c. 然后在每个蛋糕上插上一支点燃的蜡烛。

   d. 一起歌唱:"我们祝你冬至快乐,我们祝你
      冬至快乐,我们祝你冬至快乐,祝你冬天快乐。"

   e. 每人吹灭一支蜡烛,许下一个心愿。

   f. 现在,吃蛋糕吧!

给小鸟开冬至派对

1. 就像串项链一样,将迷你甜甜圈形状的谷物串起来,在花生酱里滚几下,蘸上酱,再放进装满鸟食谷粒的袋子里晃几下,沾上谷粒。
2. 拿一个松果,用绳子系起来,绳子一头留个环扣。把松果也蘸上花生酱,放到鸟食袋里滚几下。
3. 到户外找个合适的地方把做好的鸟食挂起来。再在附近的地上、树墩上或石台上撒点谷粒。
4. 说一说,为什么谷粒种子象征着生命。

安徽省版权局著作权合同登记号：第 12171688 号

图书在版编目(CIP)数据

冬：蕴藏生机/(美)温迪·普费弗(Wendy Pfeffer)著；(美)杰西·赖什(Jesse Reisch)绘；许振宇译. —合肥：中国科学技术大学出版社，2019.1

ISBN 978-7-312-04205-8

Ⅰ.冬… Ⅱ.①温… ②杰… ③许… Ⅲ.冬季—普及读物 Ⅳ.P193-49

中国版本图书馆 CIP 数据核字(2017)第 075542 号

出版	中国科学技术大学出版社
	安徽省合肥市金寨路 96 号，230026
	http://press.ustc.edu.cn
	https://zgkxjsdxcbs.tmall.com
印刷	安徽国文彩印有限公司
发行	中国科学技术大学出版社
经销	全国新华书店
开本	787 mm×1092 mm 1/12
印张	3.5
字数	56 千
版次	2019 年 1 月第 1 版
印次	2019 年 1 月第 1 次印刷
定价	29.00 元